炫色佳人系列

美人茶饮

采薇 编著

六睿工社

中国农业大学出版社

图书在版编目(CIP)数据

美人茶饮/采薇编著.—北京:中国农业大学出版社,2008.6
(炫色佳人系列)
ISBN 978-7-81117-474-8

Ⅰ.美… Ⅱ.采… Ⅲ.女性-保健-茶谱 Ⅳ.TS272.5

中国版本图书馆 CIP 数据核字(2008)第 054349 号

书　　名　美人茶饮
作　　者　采　薇　编著

策划编辑　六睿工社·张　蕊　　**责任编辑**　韩元凤
装帧设计　采薇书坊　　**责任校对**　王晓凤
出版发行　中国农业大学出版社
社　　址　北京市海淀区圆明园西路 2 号　　**邮政编码**　100193
电　　话　发行部 010-62731190,2620　　读者服务部 010-62732336
编辑部 010-62732617,2618　　出　版　部 010-62733440
网　　址　http://www.cau.edu.cn/caup　　**e-mail** caup@public.bta.net.cn
经　　销　新华书店
印　　刷　北京鑫丰华彩印有限公司
版　　次　2008 年 6 月第 1 版　　2009 年 3 月第 2 次印刷
规　　格　787×1 092　16 开本　6.75 印张　168 千字
定　　价　23.80 元

Contents 目录

Chapter 1 爱上茶饮，做个水美人

美人靠水养……8

茶的美丽功效……8

茶饮的种类……10

普通茶……10

花草茶……12

中药茶……14

果蔬饮……16

其他饮品……18

饮品调配有讲究……20

你需要哪种茶饮……22

认清自己的体质……22

平安过“三期”……24

四季茶饮有学问……26

Chapter 2 排毒纤体茶饮

决明蜂蜜茶……28

果蔬纤体茶……29

山楂陈皮茶……30

大麦瘦身茶……31

三花排毒茶……32

清热凉茶……34

排毒清热茶……35

荷叶轻身茶……36

菊花醋饮……37

樱桃香蕉奶……38

Contents

Chapter 3
养颜润肤茶饮

玉竹白芷茶 …… 40
菠萝柠檬饮 …… 41
绿豆薏米饮 …… 42
芦荟猕猴桃饮 …… 44
活血润肤茶 …… 45
姜糖美人茶 …… 46
玫瑰薰衣草茶 …… 47
木瓜胡萝卜汁 …… 48
嫩肤草莓奶 …… 49
杏仁薏米奶 …… 50

Chapter 4
乌发明眸茶饮

首乌黑枣茶 …… 52
核桃芝麻饮 …… 53
清热明目茶 …… 54
决明枸杞茶 …… 56
白菊枸杞茶 …… 57
龙井菊花茶 …… 58

目录

Chapter 5
消脂降燥茶饮

消脂绞股蓝茶……60
玉米须茶……61
乌梅山楂茶……62
清火降脂茶……63
甜橘玫瑰茄茶……64
玫瑰普洱茶……65
消脂四味饮……67
瓜皮荷叶茶……68
桂花二荷茶……69
苦瓜橙饮……70

Chapter 6
补气养血茶饮

桂圆红枣茶……72
党参杞枣茶……73
当归枸杞茶……74
红豆桂圆茶……75
洋参补气茶……76
补血花生奶……77
红景天茶……78
人参莲子茶……79
活血补气茶……80
黄芪红枣茶……82

Contents

目录

Chapter 7

舒压解郁茶饮

枣仁桂圆茶……84
洋甘菊茶……85
鼠尾草果橙茶……86
薰衣草茉莉茶……87
柠檬草茶……88
玫瑰银杏茶……89
莲心甘草茶……90
红枣浮麦茶……91
提神薄荷茶……92

Chapter 8

抗老防衰茶饮

维生素C绿茶……94
抗氧化蔬菜饮……95
玉米豆浆饮……96
迷迭香薄荷茶……97
茯苓蜂蜜茶……98
全葡萄饮……99
人参益寿茶……100
干果奶茶……101
阿胶洋参百合茶……102

附录

常用中药材功效……104

Chapter 1

爱上茶饮，做个水美人

美人靠水养

都说“女人靠水养”，的确如此。多以茶饮来保健，不仅能让你容颜美丽、身材窈窕、常保健康，更能让你优雅从容、气质如兰、聪明灵动。想要做个秀外而慧中的优质美人，就从茶饮开始吧！

茶的美丽功效

1 消脂减肥

《本草拾遗》中记载：“茶，久食令人瘦，去人脂”。茶中的咖啡因、多酚类物质及多种维生素都有调节人体脂肪代谢的作用，能化解油腻、促进消化、去除脂肪，使人身材苗条，身轻体健。

2 利尿解毒

据说，神农尝百草，“一日而遇七十毒，得茶而解。”茶的解毒功效由此可见一斑。茶可以清肝降火，杀菌消肿，发汗利尿，清除宿便，有助于身体排除淤积的毒素，让你“无毒一身轻”，由此带来的是美肤、秀发和明眸。

3 预防龋齿，除口臭

茶含有天然的氟元素，是坚固和保护牙齿的关键物质，茶碱、多酚类物质和儿茶素可以改善口腔酸性环境，抑制细菌繁殖，清洁口气，对预防龋齿、消除口臭有重要作用。

4 消除疲劳

疲惫乏力的时候，没有比饮一碗热茶更贴心和舒适的了，它能适度地加快人体血液循环，帮你暖身体、发轻汗，让你疲劳顿消、神清气爽。

5 缓解压力

茶中的芳香类物质有镇静安神、舒解压力的作用，如果你感到心烦气躁、紧张头痛或情绪不佳时，不妨用茶来“涤心洗尘”吧！

6 抗衰老

科学研究发现，茶含有相当多的抗氧化物质，如维生素C、维生素E、茶多酚、单宁及维生素P等，而人体的衰老正是由氧化开始的。

7 提神益智

古人说，饮茶“六碗通仙灵”，可见茶能让人头脑清晰、思维活跃，是提神益智的佳品。

8 预防慢性病

茶能降血压、降血脂、降血糖，预防动脉硬化和冠心病，抗肿瘤的作用更是非同一般。此外，预防感冒、增强人体免疫力也是茶的一大长处。

走笔谢孟谏议寄新茶

[唐]卢仝

一碗喉吻润　两碗破孤闷
三碗搜枯肠　惟有文字五千卷
四碗发轻汗　平生不平事　尽向毛孔散
五碗肌骨清　六碗通仙灵
七碗吃不得也　惟觉两腋习习清风生

茶饮的种类

普通茶

中国是茶的故乡，根据制作方法（即发酵程度）的不同，可以大致分为不发酵茶、半发酵茶、全发酵茶和后发酵茶四大类。

发酵程度	分 类	代表茶叶	特 点
不发酵	绿茶	龙井茶、碧螺春、黄山毛峰等	茶中有效的营养成分保留得较多，但对肠胃的刺激性也较大
半发酵	青茶（乌龙茶）	茉莉花茶、铁观音、冻顶乌龙、大红袍等	香味浓郁，口感柔和，稍偏寒性，尤其适合热性体质者
全发酵	红茶	祁门红茶	口味醇厚，性质温和，不伤胃，更适合寒性体质者饮用
后发酵	黑茶	普洱茶	健身暖胃，促进消化，绝不刺激，常饮还有养胃的作用

冲泡方法

1 茶具先用热水温热。

2 放入适量茶叶，冲入占茶具1/4的水量。

3 轻轻摇转茶具30秒，待茶叶充分湿润、香气散发时再注满水。

4 泡约2分钟后即可饮用。

水　温

泡绿茶的水温不用太高，一般75～80℃即可。

乌龙茶茶叶比较粗老，要用100℃的热开水充分泡开才好喝。

茶具选择

紫砂壶是泡茶的首选，泡出的茶从香气到口感都是最优的。其次是瓷质的茶壶、茶碗或茶杯，茶具最好带盖子，冲泡时可以保持水温，使茶叶充分泡开，香气完全释放。

玻璃杯的隔热效果较差，但如果想要欣赏茶叶在水中舒展开来的优美姿态，玻璃杯不失为最佳选择。

花草茶

除了茶叶之外，还有很多天然植物可以泡水饮用，并具有一定的保健功效。世界各国都有自己的传统和偏好，为了便于区分，我们把欧洲普遍饮用的花草类植物饮品称为“花草茶”，而我国特有的一些植物饮品称为“中药茶”（在后面介绍）。

花草茶的营养成分与功效

芳香油类>>

芳香油又叫挥发油或精油，它赋予花草茶独特的香气，更具有防腐、抗微生物、消炎止痛、缓解痉挛、提高人体免疫力和舒缓紧张情绪、放松心情的作用。

单宁>>

单宁又叫鞣质，是花草茶涩味和苦味的来源，能起到收敛、止泻、防感染的作用。

类黄酮>>

类黄酮是一种天然色素，有利尿、促进新陈代谢、对抗使人老化的自由基的作用。

维生素和矿物质>>

花草茶中比较多的有维生素A、维生素C、镁、钙、铁等营养成分，这些都是人体健康不可缺少的物质。

配糖体>>

一般以药用为主的植物中多含有配糖体，它能起到强心、防腐、镇咳、利尿的作用。

常见花草茶功效一览表

花草名	功效
薄　荷	清凉提神，促进消化，缓解疼痛
玫瑰花	养颜美容，调理气血，改善内分泌
薰衣草	镇静神经，舒解压力，有助睡眠
玫瑰茄	促进代谢，消除疲劳，利尿通便
茉莉花	缓解紧张，改善焦虑现象，清新口气
洋甘菊	润泽肌肤，帮助睡眠，消除身体酸痛
柠檬草	帮助消化，解除发热头痛，减轻感冒症状
迷迭香	帮助消化，缓解疼痛，抗衰老
鼠尾草	消除疲劳，缓解头痛，安定神经

保存方法

花草茶一般用密封性好的陶罐或玻璃罐储存，要注意防潮和防虫，放置在干燥、清洁、通风、避晒的地方。

不同种类的花草茶不要混合存放，以免香气混杂，品质降低。

保存时间过长会使花草茶风味尽失，所以一般不要超过2年。

茶　具

通常使用瓷质或玻璃材质的壶和杯子来冲泡花草茶。茶具要比较宽大，以便花草有尽情舒展的空间。透明的玻璃杯是展示花草艳丽与优雅的最佳工具。

中药茶

中药茶源于传统中医的养生方法，以中草药为主要材料，通过适当搭配，冲泡成日常饮用的饮品，从而达到养生保健、辅助治疗疾病的目的。虽然名为茶，其实配方中已不见茶的踪影。中药茶中的“药”疗效显著，因此一定要根据自己的体质和身体状况选用，千万不可随便乱喝！

中药茶的制作方法

煎制>>

有些药材需要煎煮才能充分发挥药效，如本书中用到的何首乌、麦冬等。一般需小火煮沸后15分钟，再与其他材料搭配饮用。

泡制>>

有些药材含有挥发性成分，久煮会将其破坏，如本书中用到的菊花、薄荷等。这些材料只需热水冲泡即可，非常方便。

注意事项>>

- 红枣、黑枣、桂圆等药材皮较厚，有效成分不易溶出，应该先将其剥开，露出肉质部分，再煎煮或冲泡。
- 核桃仁、桃仁、茯苓等药材需要先行捣碎再冲泡服用。

饮用方法

频服>>

药茶每次饮用的量不宜太大，最好是少量多次饮用，这样的方式就是“频服”。至于一天之内的饮用次数，可以根据自身体质和身体状况灵活掌握。

中药茶的禁忌

- 肾病患者必须慎用甘草。肾病患者长期大量泡用甘草，会出现水肿、血压增高、血钾降低、四肢无力等现象。
- 脾胃虚弱者慎用决明子。决明子通便效果非常强，但多饮可引起腹泻。
- 体质虚寒者慎用野菊花。野菊花性微寒，味甘苦，对于虚寒体质的人容易引起胃部不适、胃纳欠佳、肠鸣等消化道反应。
- 饮用药茶期间不宜饮茶、吃萝卜。茶和萝卜都是凉性下气的，会降低药茶的功效，所以，药茶中一般不放茶叶，而是用热开水冲服，只是保留“茶”名而已。
- 本书中孕妇忌用的药材有：野菊花、薏米、山楂、益母草、玫瑰花。孕妇用药需特别留意，凡活血破气、滑利攻下的药材都可能引发流产，应尽量避免。
- 饮用中药茶2小时内不宜吃西药，以免影响各自的药效。

常用中药材功效见本书第104页“附录”。

果蔬饮

蔬菜与水果都有高维生素、高纤维、低热量的特点。除了食用外，有一些果蔬还非常适合榨汁饮用，既能美容，又可瘦身，成为美人们最爱的饮品。

水果中的主要营养

维生素C：有助于新陈代谢、排除肌肤毒素，从而美白肌肤、淡化斑点、抗老防皱。

维生素A：能明亮双眸，增进皮肤和毛发健康，强化骨骼和牙齿，提高免疫力。

维生素B_2：对人体细胞和黏膜组织有很好的修补作用，能促进皮肤再生，使肌肤润泽光滑。

铁：补血活血，促进血液循环，红润起色，改善贫血、手脚冰凉、脸色苍白、身体虚弱等现象。

钾、钠、镁、锌、钙：多种微量元素对保持人体正常代谢、稳定神经系统、预防慢性病、强化肌肉骨骼等都起着重要作用。

膳食纤维：促进肠胃蠕动，帮助人体排毒、通便，从而起到清除毒素、美化肌肤、纤体瘦身的作用。

制作工具及用法

多用榨汁机>>

将果蔬洗净，去皮、籽，放入榨汁机，加适量水，打汁过滤后即可直接饮用。

滤网>>

一般榨汁机自带滤网。如果没有，需将打碎的果汁用滤网过滤后再饮用。

美容功效连连看

番茄——美白肌肤，抗衰老，维持血管健康。

苦瓜——降血脂，降血糖，清心去火，瘦身减肥。

山药——美白肌肤，淡化斑点，减肥，抗衰老。

芦荟——美容护肤，减肥，防治便秘，增强免疫力。

芦笋——通便排毒，细致肌肤，纤体瘦身。

苹果——帮助消化，排毒通便，润泽肌肤。

桃——活血美颜，补益气血，使面色白里透红。

樱桃——促进造血机能，有“排毒之王”的美称。

梨——富含水分，润肺止咳，清咽去燥。

荔枝——促进毛细血管血液循环，防治雀斑的发生，令皮肤更加光滑。

草莓——清热凉血，美化容颜，护发，减肥。

猕猴桃——“维生素C”之王，助消化，解热除烦，稳定情绪。

橙子——美白肌肤，减缓心理压力，克服紧张情绪。

西瓜——清热解暑，利尿通便，增加皮肤弹性，减少皱纹，增添光泽。

香蕉——润肠通便，润肺止咳，滋润肌肤，防皱及皮肤皲裂。

葡萄——补益气血，帮助消化，抗衰老。

其他饮品

蜂蜜

润肠通便，杀菌消毒，补充体力，消除疲劳，改善睡眠，增强人体免疫力，是适用面很广的保健食品，又是茶饮中首选的调味剂。

牛奶、酸奶

补充体力，补充钙质，还能改善睡眠。常饮牛奶能使肌肤光洁滋润、白皙嫩滑、柔软有弹性。酸奶是牛奶经乳酸菌发酵而成，可调理肠道菌群，有益健康。

红豆

利尿消肿，润肠通便，降血压，降血脂，调节血糖，解毒抗癌，预防结石，健美减肥。

绿豆

清热解毒，止渴利尿，调节体内电解质平衡。常吃可以去油解腻，降火消肿，消除痘痘。

玉米

增强新陈代谢，调整神经系统功能，使皮肤细嫩光滑，抑制和延缓皱纹产生，保护心血管，防老抗衰。

黄豆、豆浆

补益气血，补钙美容，调节内分泌，减少痤疮的发生，使皮肤白皙润泽，并能缓解更年期的相关症状，延缓衰老。豆浆由黄豆磨成，功效相似。

大麦

大麦经炒制后可以用来泡茶喝，就是有名的“麦茶”。它可以帮助消化，滋养皮肤，补充肌肤健康所需的B族维生素。

干果

核桃、杏仁、松子、花生等干果中含有大量亚麻油酸，是人体理想的肌肤美容剂，经常食用有润肌肤、乌发益智、延缓衰老的作用。

黑芝麻

治疗脱发、白发的最佳食物，还能润肠通便，增加皮肤弹性，抗氧化，延缓衰老。

红糖、冰糖

红糖有益气补血、化淤止痛的功效，冰糖则养阴生津、润肺止咳。二者也常用于茶饮的调味。

姜

活血化淤，促进血液循环，红润气色，加速皮肤伤口愈合，抗衰老，预防“老年斑”，并防治脱发。

醋

消食化积，抑菌杀菌，软化血管，有生发、美容、降脂、减肥、预防感冒、消除疲劳的功效。

饮品调配有讲究

前面我们介绍了茶饮的不同种类，有普通茶、花草茶、中药茶、果蔬饮和其他饮品，这些材料如何搭配，怎样才能让茶饮的口感更好，而功效又能充分发挥呢？

组合原则

搭配组合的原则是：不同功效的材料，特别是寒热性质不同的材料最好不要混用，以免降低饮用效果，严重的还会影响身体健康。

黄金组合

蔬菜+水果>>

蔬菜和水果一般都偏凉性，主要来补充维生素、矿物质和膳食纤维，一起打汁是最佳选择。

果蔬+奶制品>>

果蔬搭配牛奶或酸奶，可以增加润泽的口感，消除果蔬的涩味，对肠胃也特别有益。

茶叶+芳香花草>>

茶叶忌配中药，但与一些芳香类的花草非常相配，如茉莉花、菊花、薄荷、洋甘菊等。

薄荷+果蔬>>

薄荷清新爽口，清咽利喉，与果蔬相配，能使果蔬的香气更加突出，沁人心脾，回味无穷。

可以改善口感的材料

红枣>>

红枣可以养气补血，自身有很强的甜味，可以缓解其他药材的苦涩。

蜂蜜>>

蜂蜜是适应面非常广的调味剂，性质温和，可以根据自己的口味添加。

冰糖>>

冰糖本身有润肺止咳的功效，与水果、花草及中药茶都相配，可以增加甜味，中和酸味。

枸杞子>>

枸杞子清肝明目，本身有微甜的味道，常搭配在中药茶中，也能起到调节口味的作用。

甘草>>

甘草有止咳化痰的作用，也是缓和药性的常用材料。甘草本身微甜，对改善中药的口感有一定作用。

你需要哪种茶饮

认清自己的体质

从中医的角度讲，人的体质分为“热性体质”和“寒性体质”两大类，并无好与坏之分。每个人都会偏向于某一种体质，而茶饮要遵循“寒者温之，热者寒之”的原则，因此，了解自己的体质非常关键，否则，热上加热，寒上加寒，岂不是拿自己的身体开玩笑！

热性体质

以下有10条相关的症状，看看你占了几条呢？

- ☑ 体温较高
- ☑ 怕热，不怕冷，爱出汗
- ☑ 性子急，脾气大
- ☑ 容易烦躁、兴奋和激动
- ☑ 常咽痛或口角发炎
- ☑ 皮肤容易长痘痘或疹子
- ☑ 经常口干舌燥
- ☑ 常便秘、尿少、尿黄
- ☑ 爱喝冷饮
- ☑ 脸色潮红、眼睛充血

热性体质的人新陈代谢比较旺盛，适合饮用凉性或寒性的茶饮，以清热去火为主要原则。可以常喝绿茶、乌龙茶和果蔬饮品。如果火气较大，并伴有肿胀、发炎、便秘等状况时，不妨搭配一些金银花、菊花、夏枯草、绿豆等中药材或食材，对于降火消炎有非常明显的效果。

寒性体质

以下有10条相关的症状，看看你占了几条呢？

- √ 体温较低
- √ 怕冷畏寒，常手脚冰冷
- √ 脸色和嘴唇苍白
- √ 容易疲劳，抵抗力较差
- √ 容易腹泻、拉肚子
- √ 尿多而色淡
- √ 很少觉得口渴，不爱喝水
- √ 喜欢温热食物和热饮，怕冷食
- √ 容易低血压及头晕
- √ 脉搏较弱

寒性体质的人新陈代谢比较缓慢，体内阳气不足，需要饮用温性或热性的茶饮，来去除寒气，补充热量，而不宜饮用寒凉的茶饮，比较寒凉的果蔬饮品也不太适合。可以常饮红茶、普洱茶等发酵程度高的茶，还可以搭配桂圆、当归、党参、肉桂、大枣等温性药材，多用姜汁、红糖等来调味，以促进血液循环，加快新陈代谢，增加活力，改善相应的症状。

有些人的体质偏向不是很明显。一种情况是两种体质的症状都没有，这种人适应性比较广；另一种情况是两种体质的症状都部分存在，即两种体质特点兼而有之，这可能是由于一些外部环境的影响或不良生活习惯造成的。总体而言，以主要症状作为依据，每个人基本都有一个偏向的体质。

平安过“三期”

人的体质不是一成不变的。随着年龄增长，体质往往会从热性慢慢转为寒性，所以，及时了解自己的身体变化，调整饮食是非常重要的。

女人不同年龄阶段有不同的特点，其中有三个关键时期，即青春期、孕产期和更年期。要平安度过这三期，茶饮也要有相应的变化，以适应身体需要，让美丽一直伴随着你。

青春期

11～14岁的女孩正值青春期，由于雌激素的大量分泌，引起了生理和心理上的巨大变化。

青春痘、肥胖与月经异常可能是青春期女孩最大的苦恼，因此，茶饮的重点应是清热解毒、消脂减肥、调理经血、调养肾气。可以多饮绿豆汤、果蔬饮和牛奶等饮品，一些镇静神经、缓解紧张的花草茶对平复青春期的躁动也有一定的作用。

孕产期

一般来讲，孕产期的女性不要过量饮茶，毕竟茶含有咖啡因，不妨多饮用牛奶、豆类制品及果蔬汁。薏米、山楂等食物有滑胎作用，孕妇的饮品中不宜添加。如果有孕吐现象，可以喝些陈皮、西洋参、生姜冲泡的止呕茶。

产后大多数产妇身体比较虚弱，应多喝些补气养血、增强体质的茶饮，益母草是不错的选择，一些寒凉易泻的食物还应尽量避免选用。

更年期

女性更年期一般出现在45～50岁，此时，女性体内的雌激素水平迅速下降，使身体出现心悸失眠、潮热汗出、烦躁易怒、月经紊乱等症状。

此时的茶饮原则是少喝咖啡因含量高的茶、咖啡等饮料，多喝牛奶、豆浆、果蔬汁、蜂蜜等饮品。特别是豆类制品，含有丰富的植物性雌激素，是调节内分泌和补充钙质的最佳选择。

另外，一些花草茶也特别适合这一时期的女性，薰衣草、玫瑰花、茉莉花等天然的芳香物质，可以减轻精神压力，放松心情，还有安神助眠的作用。

四季茶饮有学问

春生、夏长、秋收、冬藏。随着四季的轮转，人体状态也会发生调整，以适应外部环境的变化，按季节喝茶饮，可以达到最佳的保养效果。

春

春天是万物生发的季节，各种疾病也容易发作，茶饮的原则是“养肝排毒，提高身体免疫力”。绿茶、樱桃、草莓、酸奶、金银花等制成的饮品可去除冬季蓄积于体内的寒邪，最宜春季饮用。

夏

夏季炎热潮湿，酷热难眠，茶饮的原则是“清心去火，消暑化湿”。茶饮中宜用清凉的绿茶、乌龙茶、荷叶、莲子、薏米、绿豆、苦瓜等，帮你安然度炎夏。

秋

秋季气候干燥，人体容易“秋燥”，而引发口唇干裂、咽干咳嗽。此时的茶饮原则是“养肺润燥，保养津液”，适宜饮用红茶、花草茶，并搭配蜂蜜、百合、藕粉、梨等食物及玉竹、阿胶等药材，让秋天过得安心又美丽。

冬

冬季天寒地冻，人体也要养藏精神，为来年储备能量。茶饮的原则是“养肾补水，温热滋补”，红茶、普洱茶，配合芝麻糊、肉桂、枸杞子、杜仲、大枣、生姜、香蕉汁等，都适合冬季饮用。

Chapter 2

排毒纤体茶饮

决明蜂蜜茶

材料

决明子10克，蜂蜜1小匙。

做法

1 将决明子放入杯中，倒入开水，浸泡10分钟。

2 待水温降至60℃以下时，放入蜂蜜搅匀即可。

决明子

蜂蜜

美丽笔记

●决明子又叫草决明，能润肠通便，清热明目，有效防治肠燥便秘，起到瘦身的作用。但是对于寒性体质的人会引起腹泻，并不适合常饮。

●蜂蜜也是润肠通便、排毒润肤的佳品，而且性质温和，不同年龄和体质的人都适宜。蜂蜜如果用太热的水冲泡，营养物质会损失较大，所以，建议用60℃以下的水冲泡。

美丽笔记

- 苹果可以调理肠胃功能，腹泻时吃苹果可以止泻，而便秘时吃苹果可以通便。苹果的排毒功能也十分显著，真称得上是“神奇之果”。
- 芹菜有降血压的特殊功效，并有稳定情绪的作用，丰富的粗纤维可以清理肠道，低热量有助于纤体行动。
- 胡萝卜营养丰富，特别是类胡萝卜素，可以在体内合成维生素A，有利于视力健康。

芹菜

苹果

胡萝卜

果蔬纤体茶

材料

芹菜50克，苹果100克，胡萝卜50克。

做法

1 将苹果去皮、核，胡萝卜去皮，芹菜去叶，将原料洗净后切成小块。

2 将小块原料倒入搅拌器中，搅打成糊状汁即可。

美丽笔记

●要纤体瘦身就不能没有山楂。新鲜的山楂又被称为红果，常用来做糖葫芦、山楂糕、山楂片等小食品，干制的山楂可以在中药店或超市里买到，可以用来泡茶、烹调或入药，能消食化积、通便瘦身。

●陈皮是由新鲜的橘子皮干制而成，有健脾胃、消食积的作用。可以去中药店买，也可以自制。陈皮除了用于泡茶外，放入菜肴中也不错，如“陈皮牛肉”，既能补血养颜，又不必担心发胖。

山楂干

陈皮

山楂陈皮茶

材 料

山楂干10克，陈皮10克，蜂蜜1大匙。

做 法

1 将山楂干、陈皮放入杯中，倒入开水，浸泡15分钟。

2 当温度降到60℃以下时，放入蜂蜜搅匀即可。

大麦瘦身茶

材 料

炒制大麦15克。

做 法

将大麦放入杯中，倒入开水，浸泡15分钟即可。可反复冲泡。

美 丽 笔 记

●大麦茶是将大麦炒制后再经沸水冲泡而得，是一种健康的“粗茶”。它可以助消化、解油腻、养胃健身，还有良好的通便、解毒、养颜、减肥作用。

●有些超市卖小袋装的“大麦茶”，就是炒熟的大麦粒，价格很便宜。也有的“大麦茶”是粉末状的，即将大麦粒磨碎，并与绿茶混合制成，可以直接冲泡，不过，价格比大麦粒要贵很多。

大 麦

玫瑰花

野菊花

茉莉花

枸杞子

三花排毒茶

材料

玫瑰花10克，野菊花10克，茉莉花10克，枸杞子15克。

做法

将玫瑰花、野菊花、茉莉花和枸杞子放入杯中，倒入开水，浸泡15分钟即可。可多次冲泡。

美丽笔记

- 玫瑰花有养颜美容、疏肝和胃、活血散淤的功效，常饮可以去除皮肤上的黑斑，令皮肤更白嫩，缓解淤血与肿痛。
- 野菊花清热解毒，消肿消炎，能有效缓解眼睛、咽喉、口腔等部位的肿痛。但性质寒凉，味道很苦，肠胃功能较弱的人容易引起腹泻，此时不妨用普通的菊花代替。
- 茉莉花可以舒缓紧张情绪，提神醒脑，排解抑郁，可以说有“心理排毒”的作用。常泡茉莉花饮用，有助于养颜美容和轻身减肥。
- 枸杞子平肝益肾，性质温和，在本道茶中用来搭配，分量多少可随意。

清热凉茶

材料

金银花10克，菊花10克，枸杞子10克，冰糖1小匙。

做法

将所有材料放入壶中，倒入开水，浸泡15分钟即可。可多次冲泡。

金银花

菊花

枸杞子

美丽笔记

- 金银花有清热解毒、凉血化淤的功效，可以消肿退热、杀菌排脓，预防感冒。
- 菊花有很多种类，如白菊、贡菊、杭菊、野菊花等。不同的菊花功效也有区别。一般来讲，外感风寒多用白菊花，平肝明目多用黄菊花，清热解毒多用野菊花。
- 枸杞子、山楂配合金银花和菊花，排毒效果更显著，养颜和瘦身效果也很好。

美丽笔记

●我们都知道，板蓝根是预防感冒的良药，对于其他一些传染性疾病也有抵御作用，可以解热、抗炎、增强免疫力。如果想要达到更好的效果，最好将板蓝根煎煮后饮用。

●虽然药店里有卖现成的颗粒状的板蓝根冲剂，但不如自己直接购买板蓝根药效更实在，也更经济。流感季节常饮此茶，及时排毒清热、杀菌消炎，是防御疾病的好办法。

板蓝根

排毒清热茶

材 料

菊花10克，金银花10克，板蓝根10克，冰糖1小匙。

做 法

将所有材料放入杯中，倒入开水，浸泡10分钟即可。可多次冲泡。

菊花

金银花

美丽笔记

●荷叶也是瘦身的一大法宝，它有利水消肿、祛暑解热的作用，对于改善水肿性肥胖非常有效，是轻身美体的佳品。如果能买到新鲜荷叶，味道更清香，没有时可以去中药店或花草茶专柜购买干荷叶，效果也不错。

●桂花有清新口气、化油去腻、舒缓精神紧张的作用，搭配荷叶，可以去除脂肪，塑身减肥。

干荷叶

桂花

荷叶轻身茶

材料

干荷叶15克，桂花5克，蜂蜜1大匙。

做法

1 将干荷叶放入锅中，加适量水烧开，小火煮15分钟。

2 待荷叶水晾温后倒入杯中，加入桂花、蜂蜜搅匀即可饮用。

菊花醋饮

材料

菊花60克，香醋500毫升，冰糖50克。

做法

1 将菊花、冰糖放入大瓶中，倒入香醋，封好口，浸泡10天以上就可以用了。

2 将杯中倒入开水，取一大匙菊花醋，掺入杯中，搅匀后即可服用。

菊花

香醋

冰糖

美丽笔记

- 醋有杀菌、抑菌、软化肌肤的作用，菊花可以排毒清热，经常饮用，有助于净化身体，美容润肤，瘦身排毒。
- 冰糖不仅有润肺止咳的功效，在这里还起到调节口味、缓和醋的酸味的作用。这道饮品不能直接饮用，一定要每次取少量，加水稀释后再饮，防止对胃部的刺激。

樱桃香蕉奶

材料

新鲜樱桃10个，香蕉半根，酸奶150克。

做法

将樱桃去蒂、洗净，香蕉去皮、切片，放入杯中，倒入酸奶即可。

樱桃

香蕉

酸奶

美丽笔记

- 樱桃有“排毒之王”的美誉，可见其排毒功效的显著。樱桃可以补肝养血、解毒美肤、改善气色，特别适合女性食用。最好选择四月上市的新鲜樱桃，要尽量避免用罐装制品。
- 香蕉有润肠通便、润肤抗皱的功效，能有效排解身体宿便。
- 酸奶除了提供乳蛋白等营养物质外，还能调整肠道菌群，有益身体健康。

Chapter 3

养颜润肤茶饮

玉竹白芷茶

材料

玉竹15克，白芷10克，西洋参10克，蜂蜜1大匙。

做法

1 将玉竹、白芷、西洋参洗净后放入杯中，倒入开水泡15分钟。

2 待水温降至60℃以下时，放入蜂蜜搅匀即可。

玉竹

白芷

西洋参

蜂蜜

美丽笔记

● 玉竹有养阴润肺、生津止渴、除烦养胃的作用，对皮肤健康十分有益，令肌肤红润光泽，是一种有养颜功效的中药材。玉竹对于降血糖、降血压也有效，但脾虚者不宜使用。

● 白芷可以除湿、解毒、消肿排脓、通窍止痛，缓解皮肤瘙痒，使肌肤美白洁净，对于消除皮肤上的脓疮、痘痘及红肿发炎等状况有很好的效果。白芷除了可以内服，做面膜外用也有不错的疗效。

● 西洋参可以快速消除疲劳，凉补气血，不用担心上火。蜂蜜则能润泽肌肤，也有调节饮品口味的作用。

美丽笔记

●菠萝有促进消化、解除油腻的功效，而且维生素C含量也很丰富，有美白肌肤的效果。

●柠檬中维生素含量非常丰富，能消除肌肤暗沉与色素沉积，美白祛斑，是天然的美容佳品。柠檬酸味强，对孕妇能起到安胎止呕的作用，因此又被称为“益母果”。鲜柠檬除了用于泡茶饮用外，也常作为调味剂用于日常烹调中。

菠萝

柠檬

菠萝柠檬饮

材料

菠萝肉100克，柠檬1个。

做法

将菠萝肉切块后放入搅拌机中，将榨取的柠檬汁也倒入其中，一起打成糊状汁即可饮用。

绿豆薏米饮

材料

薏米100克，绿豆100克，白糖1大匙。

做法

1 将绿豆、薏米分别研磨成粉。

2 锅中倒入适量水烧开，边搅拌边放入绿豆粉和薏米粉，小火煮2分钟，调入白糖即可。

美丽笔记

●绿豆有祛暑利尿、清热解毒的功效，能缓解皮肤发炎、红肿、痘痘等状况，特别适合肝火旺盛、油性皮肤的人食用。绿豆性凉，脾胃虚弱的人不宜多吃。

●服药期间，特别是服用温补药期间，最好避免食用绿豆，以免降低药效。

●薏米是一种营养价值很高、药食两用的粮食。除了大家熟知的抗癌作用外，薏米也是一种美容食品，经常食用可以使皮肤光滑细腻，并可消除痤疮、色斑，改善肤色。

●绿豆与薏米在超市有售，可以分别煮熟、煮烂泡饮，也可先用食品加工机打成粉再泡饮，如果再偷懒一点，不妨购买现成的绿豆粉和薏米粉。

绿豆

绿豆粉

薏米

薏米粉

美丽笔记

●芦荟是一种美容食品，它能修复受损肌肤、止痒、防过敏，滋润抗皱，美化容颜。不论内服还是外用，都有显著的美容效果。

●芦荟可以自己种植，使用时削去外皮，取黏滑的叶肉。夏天如有蚊叮虫咬，挤出几滴芦荟汁涂抹，即可起到止痒效果。

●猕猴桃是“维生素C之王”，经常食用，可以美白肌肤、抗老化、除斑点，提亮肤色。

芦荟

猕猴桃

芦荟猕猴桃饮

材料

猕猴桃1个，芦荟50克，蜂蜜1大匙。

做法

1 将猕猴桃去皮、切块后放入搅拌机中，将芦荟去皮取肉也放入其中，一起搅拌成糊状汁。

2 将混合汁倒入杯中，加入蜂蜜搅匀即可。

活血润肤茶

材料

当归、桑白皮、甘草、山楂各10克，冰糖1大匙。

做法

1 将当归、桑白皮、甘草、山楂放入锅中，加适量水烧开，小火煮20分钟。

2 用滤网过滤，将汤汁倒入碗中，加冰糖即可代茶饮。

当归

桑白皮

甘草

山楂

美丽笔记

●当归是一种传统的补血药，它的主要功能是调经、补血、活血、散寒，适合面色萎黄、气血虚弱的人。当归也常用于滋补煲汤，对调理妇科疾病、美容养颜都有益。

●桑白皮有利水消肿的作用，可用于消除面目肌肤的浮肿现象。

●甘草性质温和，常被用于缓和药性，还有清热解毒、祛痰止咳、排毒调气的作用；山楂可以美容、减肥、降血脂。配合使用，能调理气血、美化肌肤。

姜糖美人茶

材料

生姜20克，红糖1大匙。

做法

1 将生姜切片后放入锅中，加适量水，用小火煮10分钟。

2 把姜汤倒入碗中，放入红糖搅匀即可。

生姜

红糖

美丽笔记

●生姜有活血化淤、散寒发汗、缓解呕吐的作用，常饮生姜汁可以淡化色斑，使面色红润有光泽，特别适合寒性体质的人饮用。

●风寒感冒时喝些姜汁，可以促进发汗，排解身体内部的寒气，减轻感冒症状。

●红糖虽然杂质较多，但营养成分保留较好，有补血破淤、益气化食、散寒止痛的作用，对于缓解受寒体虚导致的痛经很有好处，也是疗补虚弱、红润气色的佳品。

美丽笔记

- 玫瑰花可以疏肝理气，和血散淤，常饮可以消除面部色斑，提亮肤色，令肌肤美白嫩滑。
- 薰衣草可以放松神经，安神助眠，不仅气味芳香宜人，更能快速消除疲劳，令人身心愉悦。薰衣草除了用来泡水饮用外，也常用于洗浴，尤其是泡澡时，在浴缸中加入一些薰衣草，对于消除疲劳、提高睡眠质量、放松身心都很有益。
- 荷叶有祛暑、消水肿的作用，常饮可以轻身减肥。

玫瑰花

薰衣草

玫瑰薰衣草茶

干荷叶

材料

干玫瑰花10朵，薰衣草10克，干荷叶10克。

做法

将材料放入杯中，倒入开水，浸泡15分钟即可饮用。可多次冲泡。

美丽笔记

●木瓜是近年来比较热门的水果，都说它有丰胸的作用，其实，它真正的功效还是美容。木瓜润肺效果很好，可以使皮肤光洁柔嫩、减少皱纹、脸色红润。

●胡萝卜中含有丰富的维生素，可以滋润皮肤、延缓衰老。

木瓜

胡萝卜

木瓜胡萝卜汁

材料

木瓜200克，胡萝卜100克。

做法

1 将木瓜去皮、籽，取肉切块；胡萝卜去皮、切块。

2 将材料倒入搅拌机中，搅打成糊状汁，倒入杯中即可饮用。

嫩肤草莓奶

材料

草莓200克，酸奶100克。

做法

将草莓洗净、去蒂，放入搅拌机中，加入酸奶，一起搅打成糊状，倒入杯中即可饮用。

草莓

酸奶

美丽笔记

- 草莓是天然的美容食品，含有丰富的维生素，常吃可以美白肌肤、去除色斑、红润脸色、排毒养颜。
- 酸奶含有大量有益人体肠道健康的益生菌，除了有牛奶养胃强身的作用外，还多了清理肠道的功能。肠道通畅了，肌肤才漂亮。
- 这道草莓酸奶吃起来酸甜可口，当作面膜用于外敷，美肤效果也相当不错呢！

杏仁薏米奶

材料

杏仁15克，薏米15克，牛奶250毫升，白糖1大匙。

做法

1 将杏仁、薏米用研磨器打成粉。

2 将牛奶倒入锅中，加入杏仁粉、薏米粉和白糖，小火煮开即可。

杏仁

薏米

牛奶

美丽笔记

- 杏仁也是一种药食两用的材料，有甜杏仁和苦杏仁之分。甜杏仁滋补润肺；苦杏仁止咳平喘，一般药用为主，有小毒，不能多吃。在这里我们用的是甜杏仁。
- 常吃杏仁可以促进皮肤微循环，使皮肤红润而有光泽，是美容养颜的佳品。
- 薏米和牛奶都有美白、滋润、营养肌肤的功能，配合杏仁，不失为一道美白圣品。

Chapter 4

乌发明眸茶饮

首乌黑枣茶

材料

何首乌15克，黑枣2枚，冰糖1小匙。

做法

将材料放入杯中，倒入开水，浸泡15分钟即可饮用。可多次冲泡。最后可将黑枣吃掉。

何首乌

黑枣

冰糖

美丽笔记

●何首乌也叫首乌，有生首乌和制首乌之分。生首乌可以解毒消肿，润肠通便。制首乌是由生首乌加工而成，有补肝肾、乌须发、壮筋骨、解毒通便等功效。所以，要想达到养发效果，选择制首乌更好，一般中药店都有出售。

●黑枣又叫西洋枣，果肉厚实，气味香甜，而且营养十分丰富，有补血的功效，常食可以令气血充盈，自然秀发乌黑，眼睛明亮。

美丽笔记

●黑芝麻含有大量健康油脂和维生素E，可以润肠通便、滋阴补肾、延缓衰老，对身体虚弱、早衰引起的脱发效果最好，对药物性脱发及一些疾病引起的脱发也有好处。常吃黑芝麻还能美化容颜，增加皮肤弹性。

●核桃也含有大量亚麻油和维生素，可以润肠道，促进排便，经常食用有滋润肌肤、黑亮头发、延缓衰老的作用。

●这道饮品脂肪含量较大，需要瘦身怕发胖的人不宜食用过量。

黑芝麻

核桃仁

核桃芝麻饮

蜂蜜

材料

核桃仁25克，黑芝麻50克，蜂蜜1大匙。

做法

1 将核桃仁压碎，黑芝麻研磨成粉。

2 将黑芝麻粉放入杯中，用开水调成糊。

3 降温后，拌入核桃碎和蜂蜜即可。

清热明目茶

材料

决明子15克，山楂15克，野菊花10克，冰糖1大匙。

做法

将材料放入杯中，倒入开水，浸泡15分钟即可。可多次重复冲泡。

美丽笔记

●决明子的功效正如同它的名字一样，可以清热明目，缓解眼睛红肿酸涩、多泪、视力衰退、视疲劳、头晕目眩等问题，使眼睛更明亮。它的另一个功效是润肠通便。

●野菊花味道很苦，也是清热明目的良药，如果你不能接受它的味道，也不妨用清甜的白菊、贡菊等代替。

●山楂消食化积，味道酸甜，可以缓解决明子和野菊花的苦味。但此茶功效太强，容易腹泻、脾胃虚弱的人要慎饮！

决明子

野菊花

山楂

决明枸杞茶

材料

决明子15克，枸杞子15克。

做法

将材料放入杯中，倒入开水，浸泡15分钟即可。可多次重复冲泡。最后可食枸杞子。

决明子

枸杞子

美丽笔记

●决明子的明目效果在本书第54页已经详细介绍，在此不再赘述。

●枸杞子是药食两用的材料，可以滋补肝肾，养阴补血，益精明目，润肺止咳。枸杞子色泽红艳诱人，也经常用于烹饪中的菜肴点缀，泡酒饮用，滋补功效也相当不错，而且枸杞子的性质温和，多吃也无妨。

美丽笔记

●白菊是菊花的一种，有名的品种有安徽亳菊、河南怀菊、四川川菊、河北祁菊等。白菊是平肝明目的佳品，还可散风清热、解毒消肿，能有效缓解头晕眼花、眼睛红肿发炎、视物不清等状况。

●枸杞子清肝明目，滋阴养肾。配合白菊经常饮用，可让你白发变黑、眼神光采。

●这道茶饮可长期饮用，功效明显，而且不像决明子、野菊花那样刺激性强，对于经常用眼过度的上班族来说，不失为日常保健的佳品。

白菊枸杞茶

材料

白菊花10克，枸杞子10克，冰糖1大匙。

做法

将材料放入壶中，倒入开水浸泡15分钟即可饮用。

白菊花

枸杞子

美丽笔记

●龙井茶是绿茶的一种，属于不发酵茶，营养成分较高，常饮龙井茶可以清热解毒，消脂轻身，提高免疫力，使人思维清晰、耳聪目明。

●菊花有清热明目的功效。如果用于平肝明目，白菊的效果最好；外感风热时多用黄菊花；而用于清热解毒时，最好用野菊花。

龙井茶

菊花

龙井菊花茶

材料

龙井茶10克，菊花10克。

做法

将材料用开水冲泡10分钟即可饮用。

Chapter 5

消脂降燥茶饮

消脂绞股蓝茶

材料

绞股蓝20克，冰糖少许。

做法

1 将绞股蓝用开水煮10分钟，滤掉渣子。

2 汤汁倒入杯中饮用，可适量加入冰糖。

绞股蓝

冰糖

美丽笔记

●绞股蓝又叫七叶胆，有清热解毒、镇静安神、消脂减肥的功效，可以防止白发早生，提高免疫力，降血脂，降血压，降血糖，抗衰老。

●绞股蓝可以在中药店买到。超市里也有卖现成的绞股蓝茶，它是在普通茶叶中添加绞股蓝，磨成粉后分装出售的，冲泡饮用也非常方便。绞股蓝味苦性寒，脾胃虚寒的人不宜多饮。

美丽笔记

●我们在吃玉米前，经常将玉米须丢弃。其实，玉米须是一味利尿消肿的药材，可以改善三高（高血压、高血脂、高血糖）症状。

●玉米须在中药店有售，也可以自己收集一些，晒干保存即可，简单又方便。

玉米须

玉米须茶

材料

玉米须10克，冰糖少许。

做法

将材料放入杯中，用开水冲泡15分钟即可饮用。可多次冲泡。

美丽笔记

●乌梅味道酸涩，可以助消化，生津止渴，化解油腻，降低血糖。

●山楂有消食化积、消脂去油、降低血压、软化血管的作用，对保护心血管系统健康、去脂瘦身都十分有益。山楂可以用新鲜的，如右图，也可以用干制品。

乌梅

山楂

乌梅山楂茶

材料

乌梅2枚，山楂干10克，绿茶5克，冰糖少许。

做法

将乌梅、山楂干、绿茶用开水冲泡10分钟即可饮用，可加入适量冰糖。

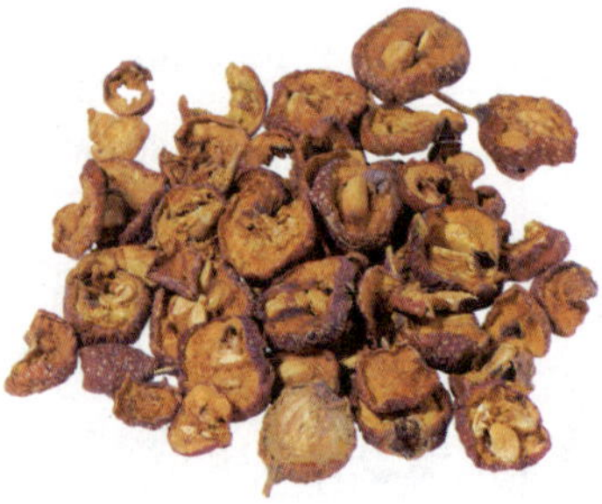
山楂干

清火降脂茶

材料

黄菊花10克，山楂干10克，绿茶5克，冰糖少许。

做法

将黄菊花、山楂干、绿茶用开水冲泡10分钟即可饮用，可加入适量冰糖。

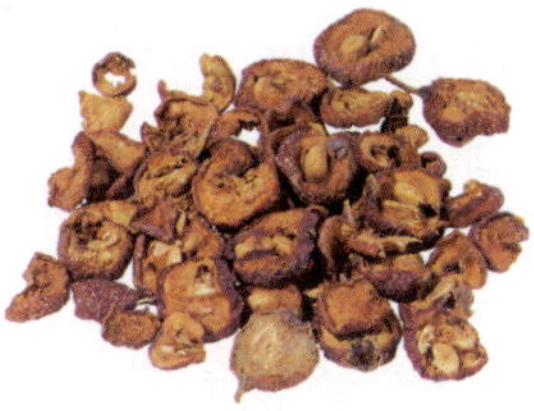

山楂干

绿茶

黄菊花

美丽笔记

●菊花和绿茶的搭配是明目的佳品，我们在本书第58页已经介绍过，这里又增加了一味山楂。菊花有降低血脂的作用，而山楂更是消脂的首选材料，不论是泡茶饮用，还是与肉类一起做菜或煲汤，都是不错的选择。

●除了泡茶，我们平时也可以吃一些山楂片、山楂糕、山楂卷等零食，但应注意最好不要空腹食用，以免发生胃酸等不适状况。

甜橘玫瑰茄茶

材料

甜橘叶10克，玫瑰茄5克。

做法

将甜橘叶、玫瑰茄用开水冲泡10分钟即可饮用。可多次冲泡。

玫瑰茄

甜橘叶

美丽笔记

●玫瑰茄又叫洛神花，有清热解毒、降压利尿、美容养颜的功效，对心血管系统的健康也有很大益处。一般的花草茶专柜都可以买到。

●甜橘叶味道香甜，可以作为调味剂，来缓和玫瑰茄的酸味，使这道茶的口感更舒适。不仅如此，甜橘叶本身也有消脂去油、降压通便的作用。

美丽笔记

- 玫瑰花有美化容颜、净化身心、散淤止痛、疏肝解郁的功效，是美人们最爱的材料。
- 普洱茶是黑茶的一种，属于后发酵茶，是用长时间堆积发酵的方法制成。后发酵茶是发酵程度最高的茶，其咖啡因和单宁含量最少，非常适合脾胃虚弱的人饮用，而且越陈越香。
- 常饮普洱茶可以暖胃、降血压、降血脂，有效减轻动脉硬化，预防心血管病的发生。

玫瑰花

普洱茶

玫瑰普洱茶

材料

玫瑰花7克，普洱茶坨1块(约10克)。

做法

1 将普洱茶放入杯中，冲入开水洗茶，滤净水。

2 放入玫瑰花，再次倒入开水，略泡即可饮用。

陈皮

山楂干

甘草

决明子

消脂四味饮

材料

陈皮10克，山楂干10克，甘草5克，决明子5克，冰糖少许。

做法

1 将陈皮、山楂干、甘草、决明子放入锅中，用开水煮10分钟，滤掉茶渣。

2 茶水倒入杯中，加入适量冰糖即可饮用。

美丽笔记

● 陈皮有健脾开胃、理气宽胸、消除油脂的功效，山楂可以化解油腻、消食化积、降低血脂和血压，甘草缓急止痛、解毒止咳、缓解药性，决明子润肠通便、降脂降压。这四味中药配合协调，冲泡出来的味道也不错，对于食火盛、易便秘、血脂过高的人来讲，是一道不错的调理饮品。

● 此道茶不适合脾胃虚寒、易腹泻的人。在选择饮品时一定要注意是否适合自己，否则，说不定会适得其反。

美丽笔记

●丝瓜皮、西瓜皮都有清暑热、除湿毒、消肿利尿的作用，而且可以有效降血脂、降血压，清凉净肤，祛火除痘，缓解燥热烦渴的症状。

●荷叶是瘦身的良药，有祛暑消肿、利尿解渴、清除血脂的作用，气味清香，非常适宜泡茶饮用。

丝瓜皮、西瓜皮、荷叶

瓜皮荷叶茶

材料

丝瓜皮50克，西瓜皮50克，荷叶20克，冰糖少许。

做法

1. 将丝瓜皮、西瓜皮、荷叶用适量开水煮15分钟。
2. 将汤汁倒入碗中，加入适量冰糖饮用。

桂花二荷茶

材 料

干荷叶5克，薄荷5克，桂花少许。

做 法

将材料放入碗中，倒入开水浸泡10分钟即可饮用。可多次冲泡。

桂花

干荷叶

薄荷

美丽笔记

- “二荷”指的是荷叶与薄荷。荷叶可以祛暑湿、利尿消肿、降低血脂。
- 薄荷辛凉解表，可以清利头目、利咽消肿，缓解感冒引起的头痛、咽喉肿痛、肠胃不适等。如果买不到新鲜薄荷叶，也可以去中药店或花草茶专柜购买干品。
- 桂花也是泡茶的常用材料，它气味清香，有清新口气、健脾、护齿、清咽、止咳的功效。除了泡茶外，桂花也常用于制作小吃、点心。烹饪肉类菜肴时点缀些桂花，还能起到化解油腻、帮助消化的作用。

苦瓜橙饮

材料

苦瓜100克，橙子1个。

做法

1 将苦瓜去瓤、切片；橙子去皮、核，切块。

2 将处理好的材料放入搅拌机中，加入适量凉开水，搅打成糊状汁，倒入杯中即可。

苦瓜片

橙子

美丽笔记

- 苦瓜有清凉祛暑、降血脂、降血压、降血糖的保健作用，对预防心血管系统的疾病特别有效，是真正的健康食品。
- 可以用新鲜的苦瓜切片或切条泡茶，也可以到花草茶专柜购买干制的苦瓜片，使用方便，效果同样不错。
- 橙子含有丰富的维生素C，对保护心血管也能起到一定的作用，再加上橙子味道酸甜，可以调和苦瓜的苦味。

Chapter 6

补气养血茶饮

桂圆红枣茶

材料

桂圆20克，红枣40克。

做法

1 将桂圆去壳，红枣洗净。

2 将材料放入锅中，加适量水烧开，小火煮15分钟即可。

桂圆

红枣

美丽笔记

●桂圆是补气养血的圣品，对女性尤其有益。它能补血安神、健脑益智、补养心脾，可有效改善失眠、心悸、神经衰弱、贫血、记忆力减退等症状，而且还有预防妇科肿瘤的功效。

●红枣可以健脾开胃，调经补血，活血化淤，滋养容颜，同样也是女性朋友们的最爱。

●这道茶饮特别适合气血虚弱的人，但桂圆性质温热，如果已经有上火症状或发炎的人最好少饮。

美丽笔记

●党参有补中益气、健脾益肺的作用，可以改善胸闷气短、虚喘咳嗽、食少、腹泻等脾肺虚弱的症状，而且，党参还被称为“天然免疫剂”，它可以改善人体免疫功能，提高抗病能力，是一种不错的营养品。

●枸杞子可以平肝补肾，红枣有补气养血、健脾开胃的功效，与党参一起使用，口感微甜，补益功效卓著，使人气血充盈、面色更加红润光泽。

党参

枸杞子

红枣

党参杞枣茶

材料

党参20克，枸杞子15克，红枣20克。

做法

将材料放入锅中，加适量水烧开，小火煮15分钟即可。

美丽笔记

●当归是补血的常用材料，在补血药方中有“十方九归”之说，可见它的重要性。当归养肝补血、和血调经、活血化淤、润燥滑肠，可以改善面色萎黄、眩晕心悸、月经不调、痛经等症状。

●枸杞子有养肝补肾的作用，可提高造血及代谢功能。当归枸杞除了可以泡茶饮，泡酒效果也不错。

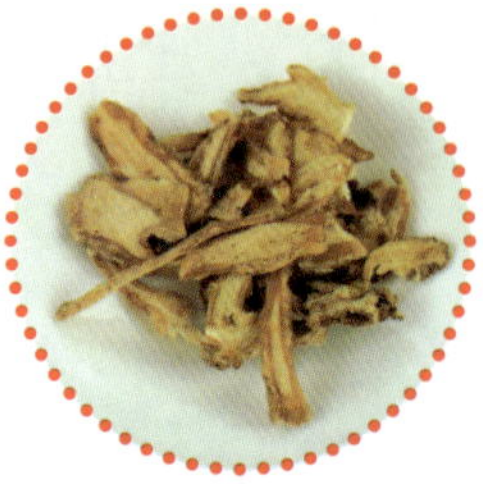

当归

枸杞子

西洋参

当归枸杞茶

材料

当归15克，枸杞子15克，西洋参10克，冰糖1大匙。

做法

将材料放入碗中，冲入开水，浸泡15分钟即可饮用。可重复冲泡。

红豆桂圆茶

材料

红豆50克，桂圆20克，莲子20克，冰糖1大匙。

做法

1 将桂圆去壳，莲子泡软、去心。

2 将红豆、莲子放入锅中，加入适量开水，煮30分钟后再放入桂圆、冰糖，继续煮15分钟即可。

红豆

桂圆

莲子

美丽笔记

●红豆也叫红小豆、赤小豆，可以改善血液循环、消肿利尿、补血养颜，特别适合女性食用。红豆常用于制作饮品、小吃、点心或熬粥，口感微甜，色泽诱人，营养价值也很高。

●桂圆是龙眼的干制品，龙眼是产于南方的水果，鲜品汁多味美，但不易保存，所以，我们常以干品桂圆代替，其补气养血的效果是一样的。桂圆还常用来作火锅底料、煲汤、熬粥，但热性体质的人不宜一次吃太多。

洋参补气茶

材料

西洋参15克，冰糖适量。

做法

将西洋参放入杯中，冲入开水，浸泡15分钟，加入冰糖即可饮用。可重复冲泡。

西洋参

冰糖

美丽笔记

●西洋参也叫花旗参，是一种有凉补功效的药材，有快速消除疲劳、提高免疫力、抗氧化、补气养阴、调理脾胃的功效，而且不会引起燥热上火的现象。

●市场上出售的西洋参有片剂和颗粒剂，一般来讲，片剂使用起来比较方便，不仅可以泡茶，劳累时也能随时放在口中含服，让你精力更充沛。做菜或熬粥时放入西洋参片，效果也不错。

美丽笔记

●花生仁可以补气养血，强壮身体，红润气色，保护心血管健康。花生的红衣可以补充血小板，增强止血能力。所以，食用花生时，最好不要剥去红衣。

●牛奶非常适合与花生搭配，使饮品的口感更滋润，花生的香气可以充分释放，补养功效也更显著。但需注意，这道饮品的脂肪含量较高，正在减肥的人不要一次饮用太多。

花生仁

牛奶

补血花生奶

材料

花生仁50克，牛奶400毫升，白糖1大匙。

做法

1 将花生仁研磨成粉。

2 将牛奶倒入锅中，小火煮开，放入花生粉、白糖，继续煮1分钟即可。

美丽笔记

●去过西藏的人一定都知道红景天，它是一种抗缺氧的天然材料，有促进血液循环、提高血液携氧能力、提高免疫功能、增强抗病能力、缓解缺氧性头痛的作用。

●其实，不只是在高原地区，在我们的日常生活中也常常会处于缺氧环境，如人群拥挤的商场、教室、交通工具内、密封性强的写字楼、地下室等，提高血液的循环功能是预防疾病的第一步。

红景天

红景天茶

冰糖

材料

红景天15克，冰糖适量。

做法

将红景天放入杯中，冲入开水，浸泡15分钟，加入冰糖即可饮用。可重复冲泡。

人参莲子茶

材料

人参15克，莲子20克，冰糖1大匙。

做法

1 将莲子泡软，去心。

2 将人参、莲子、冰糖放入锅中，加入适量水烧开，小火煮20分钟即可。

人参

莲子

美丽笔记

●人参是大补元气的药材，可以补脾益气、安神益智，适合体质虚弱、气血不足、食欲不振、上吐下泻、失眠多汗、面色萎黄的人，可以根据自身体质酌情加减用量，但身体强壮、容易上火的人就不要尝试了。

●莲子是药食两用的材料，可以补脾止泻、养心安神，改善心悸失眠、多梦、腹泻、烦渴等症状。莲子心降压安神的功效更强，如果能接受它的苦味，最好一起食用。

玫瑰花

西洋参

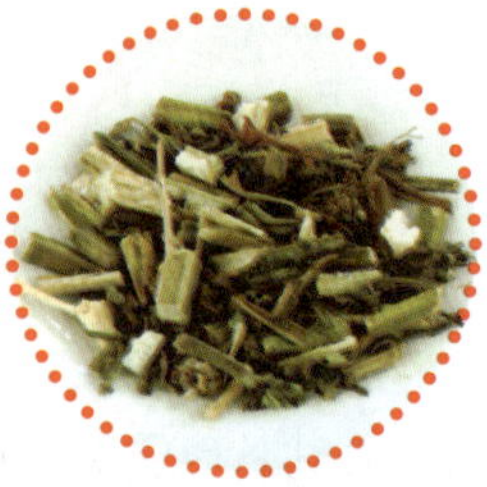

益母草

红糖

活血补气茶

材料

玫瑰花10克，益母草15克，西洋参15克，红糖1大匙。

做法

1 将玫瑰花、益母草、西洋参放入锅中，加入适量水烧开，小火煮15分钟，滤掉茶渣。

2 将茶汤倒入杯中，放入红糖搅拌均匀即可。

美丽笔记

●益母草名副其实，是对母亲们有益的药材。它可以活血调经、祛淤生新、利尿消肿、清热解毒，对于月经不调、痛经、闭经、产后恶露不尽等都有很好的疗效。有以上一些症状的女性朋友们不妨经常泡茶饮用。

●玫瑰有行气解郁、活血化淤、调经止痛的作用，西洋参可以补气活血，增强免疫力，配合益母草使用，是调理经血、预防妇科疾病的良方，对于产后妈妈们保养身体也十分有益。

●需要特别注意的是，益母草有兴奋子宫的作用，玫瑰花有活血化淤的功效，都有可能引起胎儿流产，所以，孕妇千万不要饮用这道茶饮。

黄芪红枣茶

材料

黄芪15克，红枣20克，麦冬10克，冰糖适量。

做法

1 将黄芪、红枣、麦冬加适量水煮15分钟。

2 将汤倒入杯中，加入适量冰糖即可。

黄芪

红枣

麦冬

美丽笔记

●黄芪有补气固表、利尿生肌、抗毒排脓的功效，可以补充元气，提高人体免疫力，降血糖，抗衰老，改善气虚乏力、虚汗水肿、面色萎黄等状况。

●红枣是补血的佳品，泡茶饮时也可充当甜味剂，改善药饮的口感。红枣同样适合煲汤及熬粥食用，当零食吃也是不错的选择。但食用过多，甜味容易损伤牙齿，需要特别注意。

Chapter 7

舒压解郁茶饮

枣仁桂圆茶

材料

酸枣仁15克，桂圆20克，冰糖适量。

做法

1 将桂圆去壳后和酸枣仁一起放入锅中，加入适量水，小火煮20分钟。

2 滤渣后将汤倒入碗中，加入适量冰糖即可。

桂圆

美丽笔记

● 桂圆有安神助眠的作用，对于缓解神经衰弱、失眠多梦、心神不宁有良好的功效。

● 酸枣仁有显著的镇静及催眠作用，可以补肝、宁心、敛汗、生津，特别适合有虚烦不眠、惊悸多梦、体虚多汗、健忘体倦等症状的人食用，对于缓解女性更年期的症状也十分有益。酸枣仁可以在中药店买到。

酸枣仁

美丽笔记

●洋甘菊茶香味淡雅，能舒展疲倦的身心，缓解痉挛，镇静情绪，放松神经，消除头痛、偏头痛、胃痛及因感冒引起的肌肉痛、关节酸痛等。在欧洲，人们很早就利用它治疗失眠、感冒、神经痛、焦虑气郁等症状。

●单饮洋甘菊茶会产生助眠作用，只适合睡前饮用，如果是白天饮用，最好搭配可以提神的绿茶，以免影响正常工作。

洋甘菊

洋甘菊茶

绿茶

材料

洋甘菊15克，绿茶5克。

做法

将洋甘菊、绿茶放入杯中，倒入开水，浸泡15分钟即可饮用。可重复冲泡。

美丽笔记

●鼠尾草有舒解偏头痛、安定神经的作用，在烦躁不安、情绪紊乱时饮用，可平稳情绪、消除疲劳。鼠尾草可以在花草茶专柜买到。

●苹果散发出的天然芳香非常怡人，而且这种香气具有明显的消除压抑感、放松神经的作用，能改善紧张、抑郁、倦怠等不良情绪，同时，还有提神醒脑的作用。

鼠尾草

鼠尾草果橙茶

橙子

苹果

材料

鼠尾草20克，苹果1个，橙子1个。

做法

1 将苹果、橙子分别去皮、核，切块后放入搅拌机。

2 将鼠尾草加400毫升水煮10分钟，滤渣后留200毫升汤汁，晾凉后也倒入搅拌机，搅打成糊状汁即可。

薰衣草茉莉茶

材 料

薰衣草10克，茉莉花10克，蜂蜜1大匙。

做 法

将薰衣草、茉莉花放入杯中，冲入开水浸泡15分钟，待水温降至60℃以下时，放入蜂蜜搅匀即可饮用。可重复冲泡。

茉莉花

薰衣草

蜂蜜

美丽笔记

●薰衣草可以镇定情绪，舒解压力，改善失眠与头痛；茉莉花能提神醒脑、放松神经、缓解紧张。常饮这道茶，能有效安抚心烦气躁的不良情绪，使紧绷的神经得到放松，缓解头痛和神经痛。

●这道茶香气怡人，为广大女性所喜爱，喝剩的茶可以倒入浴缸来泡澡，能有效舒缓压力、消除疲劳，助眠效果非常显著。

柠檬草茶

材料

柠檬草15克，蜂蜜1大匙。

做法

将柠檬草放入杯中，冲入开水浸泡15分钟，待水温降至60℃以下时，放入蜂蜜搅匀即可饮用。可重复冲泡。

柠檬草

美丽笔记

●柠檬草也叫柠檬香茅，是一种芳香植物。它的清香凉爽淡雅，可以使人头脑清醒，新鲜柠檬草香气能振作精神、缓解疲劳，消除不良情绪。

●柠檬草在东南亚一带使用比较普遍，常作为调味料来增加菜肴的风味。在花草茶专柜可以买到。

蜂蜜

美丽笔记

●玫瑰花有活血化淤、舒压解郁的功效，加上玫瑰花色彩艳丽，香气淡雅，给人一种轻松浪漫的感觉，紧张和忧郁也会随之化解。

●银杏叶疏肝解郁，可舒缓心悸、胸闷、头痛的症状，常饮可以改善睡眠质量，延缓衰老。

玫瑰花

玫瑰银杏茶

银杏叶

材料

玫瑰花15克，银杏叶10克，蜂蜜适量。

做法

将玫瑰花、银杏叶放入杯中，冲入开水浸泡15分钟，待水温降至60℃以下时，放入蜂蜜搅匀即可饮用。可续冲。

美丽笔记

●莲子心是清心去热的良药，对高血压、头晕、心悸、失眠、心烦等有疗效。莲子心味道很苦，很多人都把它丢弃了，其实你扔掉了好东西！

●甘草可降低血压，止咳化痰，消肿止痛。配合莲子心使用，可以泻心火，有效防治由紧张、压力引起的高血压。需要注意的是，脾虚腹泻者不宜饮用这道茶。

莲子心

甘草

莲心甘草茶

材料

莲子心15克，甘草10克，冰糖适量。

做法

将莲子心、甘草放入杯中，冲入开水浸泡15分钟，放入适量冰糖即可饮用。可续冲。

红枣浮麦茶

材料

浮小麦15克，红枣10克，甘草10克。

做法

将浮小麦、红枣、甘草一起放入杯中，冲入开水，浸泡15分钟即可饮用。可续冲。

浮小麦

红枣

甘草

美丽笔记

●浮小麦是在成熟的小麦中取瘪瘦轻浮与未脱净皮的麦粒，即小麦用水淘时，浮起水面者，筛去灰屑，用水漂洗后晒干制成。浮小麦一般可在中药店买到。如没有浮小麦，也可用麦麸代替，功效略次于浮小麦。

●浮小麦可缓解神经的紧张，除烦解热，安心养神，舒心解郁，是治疗心烦失眠、虚热多汗、盗汗、口干舌燥的佳品。搭配红枣、甘草，效果更加明显。

提神薄荷茶

材料

薄荷15克，桂花5克，蜂蜜适量。

做法

将薄荷放入杯中，冲入开水，浸泡15分钟，加入桂花、蜂蜜即可饮用。可续冲。

薄荷

美丽笔记

- 薄荷可以提神醒脑、缓解紧张头痛、清咽利喉、舒爽身心，不良情绪自然烟消云散。
- 桂花以其特有的清雅芳香受到广大女性的喜爱。这种香气有利于放松神经、舒解压力。桂花还有清心明目、解毒消肿、止咳化痰、净化口腔等作用。

桂花

Chapter 7

抗老防衰茶饮

维生素C绿茶

材料

维生素C泡腾片1片，绿茶15克。

做法

1 将绿茶放入壶中，用开水冲泡15分钟，晾至温凉。

2 将维生素C片放入杯中，倒入晾好的茶水，待充分溶解后即可饮用。

维生素C泡腾片

绿茶

美丽笔记

●维生素C可以增强人体抵抗力，预防感冒，促进人体组织的修复，还有抗贫血、降血脂、预防高血压和冠心病等作用。

●维生素C不耐热，如果用超过80℃的水冲服，会使维生素C遭到破坏，如果用100℃的开水冲服含维生素C的饮料，那么维生素C的含量几乎所剩无几。所以，只有用温水冲服，维生素C才不会遭到破坏。

美丽笔记

●芦笋可以排毒润肤、通便降压、延缓衰老，有效预防癌症、心血管疾病、肾炎、胆结石、肝功能障碍和肥胖等疾病，是营养学家公认的健康食品。

●番茄中的番茄红素有很好的抗氧化效果，加上多种维生素和硒等矿物质，使其抗衰老、预防癌症、保护心血管的效果更显著。

芦笋

番茄

抗氧化蔬菜饮

材料

番茄100克，芦笋50克，牛奶150克，白糖适量。

做法

1 将番茄用开水烫一下，去掉外皮，切成片；芦笋洗净、切段。

2 将材料全部倒入搅拌机中，搅打成糊状汁。

3 将蔬菜汁倒入杯中，调入白糖即可饮用。

美丽笔记

●玉米含有丰富的营养，特别是可以预防心血管疾病，还有防老抗衰的功效，是人们推崇的健康食品。但玉米口感较粗糙，对于牙齿不好的人也是一大难题，这时，可以把玉米打成汁饮用，味道非常好。

●豆浆是由黄豆磨制而成，含有天然的植物性雌激素，特别适合更年期女性饮用，而且黄豆磨成浆后，营养物质更容易吸收，抗老化的效果也更明显了。

甜玉米

豆浆

玉米豆浆饮

材料

甜玉米200克，豆浆200毫升。

做法

1 将甜玉米上蒸锅蒸30分钟，晾凉，脱粒备用。

2 将玉米粒和豆浆一起放入搅拌机中，搅打成糊状。将混合汁倒入杯中即可。

迷迭香薄荷茶

材 料

迷迭香15克，薄荷10克，冰糖适量。

做 法

将材料放入杯中，冲入开水，焖泡15分钟即可饮用。可续冲。

迷迭香

薄荷

冰糖

美丽笔记

●迷迭香是西餐中常用的一种香料，广泛用于烹饪中的调味。迷迭香有特殊的香气，可以调节脾胃功能、化解油腻、安神舒压、发汗、祛头痛、预防感冒、抗老化、增强记忆力。

●薄荷提神醒脑，有助消化，配合迷迭香经常饮用，可以全面提高身体免疫功能，延缓衰老。

茯苓蜂蜜茶

材料

茯苓30克，蜂蜜1大匙。

做法

1 将茯苓研磨成粉。

2 将茯苓粉放入锅中，加适量水，用小火慢煮20分钟，至糊状。

3 将茯苓茶晾温后倒入杯中，加入蜂蜜搅匀即可。

茯苓

蜂蜜

美丽笔记

●茯苓有利尿、健脾和胃、宁心安神、补气抗衰的功效，还可抑制肿瘤、保肝强心、降血脂、降血糖、降血压。

●蜂蜜是中老年人的保健佳品。随着年龄的增长，人体肠胃功能会变弱，容易引起便秘，蜂蜜不仅能缓解便秘，还能润泽肌肤、延缓老化、全面提高免疫功能。

美丽笔记

●葡萄含有大量容易被人体吸收的糖，可以迅速补充体力。葡萄中的类黄酮是一种强力抗氧化剂，可以清除体内自由基，抗衰老、防肿瘤、保护心血管。

●葡萄皮和葡萄籽中抗氧化剂的含量最高，所以说，“吃葡萄不吐葡萄皮”是有道理的。如果觉得口感不好，可以用果汁机连皮带籽打碎再饮用。

葡萄

全葡萄饮

材料

葡萄200克。

做法

将葡萄洗净，放入搅拌机中，加入适量凉开水搅打成糊状汁，倒入杯中即可饮用。

美丽笔记

●人参大补元气，健脑益智；芝麻乌发润发，润肠通便；何首乌生发壮筋骨，抗衰老；麦冬养阴清热、润肺除烦；熟地滋阴补血，养肝明目。几种药材综合使用，可以延缓衰老，保健益寿。

人参

芝麻

麦冬

熟地

人参益寿茶

何首乌

冰糖

材料

人参20克，何首乌15克，熟地10克，麦冬10克，熟黑芝麻5克，冰糖1大匙。

做法

1 将人参、何首乌、熟地、麦冬放入锅中，加适量水烧开，小火煮20分钟，滤掉渣子。

2 将汤汁倒入碗中，放入熟黑芝麻、冰糖即可。

干果奶茶

材料

核桃仁20克，杏仁10克，松子仁10克，西洋参10克，牛奶200毫升，白糖适量。

做法

1 将核桃仁、杏仁、松子仁、西洋参放入研磨器，研磨成粉。

2 将牛奶倒入锅中，小火烧开，放入粉状材料，继续煮2分钟。

3 将煮好的干果奶茶倒入杯中，加入适量白糖搅匀即可饮用。

西洋参

杏仁

核桃仁

松子仁

美丽笔记

●西洋参补气、抗氧化；杏仁止咳平喘，润肠通便；核桃仁健脑益智，黑亮头发；松子仁抗皱防衰，润泽肌肤。这几种材料一起使用，可以有效平复皮肤的皱纹、提高免疫力，增添更多活力。

●核桃仁和松子仁的油性较大，脂肪含量较高，不宜一次食用过多。

阿胶洋参百合茶

材料

干百合10克，西洋参10克，桔梗10克，阿胶15克。

做法

将所有材料放入杯中，倒入开水，浸泡15分钟即可饮用。可续冲。

西洋参

阿胶

美丽笔记

百合

●西洋参抗疲劳、增强抵抗力；阿胶是补血补气的珍品，可治疗脾胃虚弱、病后体虚、口干咽燥、干咳无痰等症状；桔梗止咳润肺；百合养阴润肺，宁心安神。几种药材合用，可以补血安神、提高免疫力、延年益寿。

桔梗

附录

常用中药材功效

决明子

清肝明目，给你一双明眸；润肠通便，清洁体内垃圾

菊花

疏风清热，降火解毒，清肝明目，杀菌消炎，清新口气

百合

润肺止咳，清心安神，美白肌肤，去除斑点

西洋参

养阴调肺，补气调脾胃，增强免疫力，提高抗缺氧能力，提神增活力

浮小麦

收涩止汗，养心安神，用于盗汗、失眠、多梦、压力过大等

甘草

益气排毒，止痛缓咳，常用于调和药性，配合其他药材使用

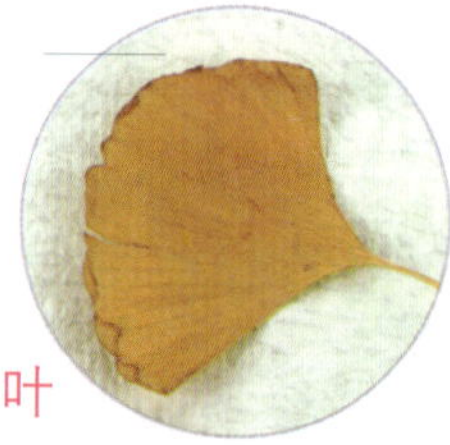

银杏叶

调理心肺功能，缓解头痛，改善睡眠质量，降血脂，延缓衰老

阿胶

补血养血，调肺润燥，止咳止血，提高免疫力

枸杞子

清肝补肾，滋阴明目，增强造血机能

茯苓

调养脾胃，补气利水，宁心安神

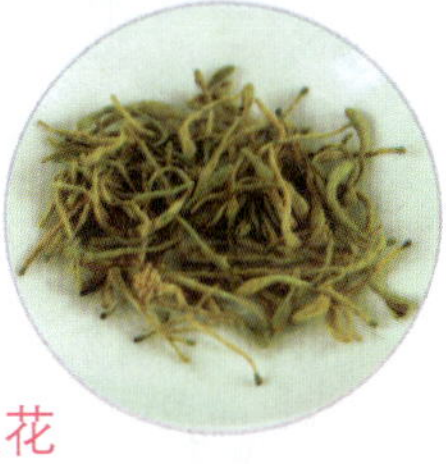

金银花

清热解毒，消肿排脓，用于风热感冒，咽喉肿痛

莲子

健脾益胃，有助消化，养心补气，除烦安神

何首乌

调理肝肾，润肠乌发，降血脂，强筋骨

酸枣仁

静心安神，养肝敛汗，用于虚烦失眠、心悸多梦、神经衰弱、失眠健忘等状况

薏米

利水祛湿，润泽美白肌肤，有效改善肌肤暗沉、皮肤湿疹、疮毒、水肿等状况

山楂

健胃消食，帮助消化，行气化滞，降血脂，降血压，软化血管

党参

补中益气，滋阴健脾，用于脾胃虚弱、气虚烦渴、失眠疲劳、食欲不振等

玉竹

养阴润肺，止咳生津，祛斑美容，是养颜润肤的良药

大枣

健脾胃，补气血，红润气色，活血化淤

黄芪

补气固表，利尿生肌，抗毒排脓，可以提高免疫力，补充元气

白芷

解表燥湿，消肿排脓，生肌止痛，通窍美容，用于头痛、神经痛、皮肤瘙痒、肿毒等

杏仁

镇咳养肺，通便，用于肌肤粗糙、便秘、感冒等状况

桂圆

补气养血，益智安神，用于神经衰弱、抑郁、失眠健忘、身体虚弱、经血失调等

陈皮

理气健脾，镇咳导痰，利水，用于消化不良、腹胀痛、咳痰、便溏、小便不利等

当归

补血养肝，调经止痛，用于头晕、贫血、月经不调、痛经等

红景天

提高抗缺氧能力，增强人体免疫力

乌梅

生津止渴，止泻醒酒，敛肺止咳，帮助消化

野菊花

清热解毒，疏风消肿，降压平肝，用于目赤肿痛、头晕目眩、咽喉肿痛等

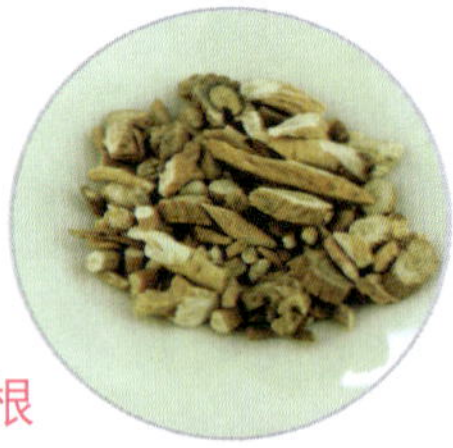

板蓝根

凉血利咽，清热解毒，消肿止痛，用于预防流感、肝炎等传染性疾病

桂花

帮助消化，去油解腻，降血脂，清新口气

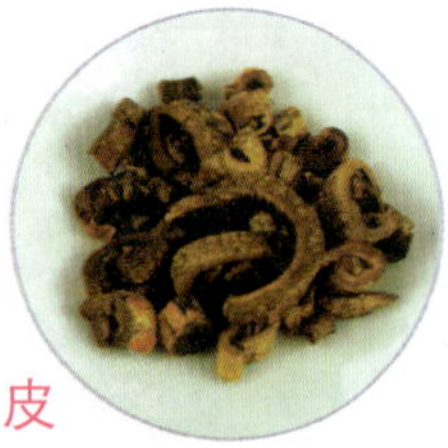

桑白皮

泻肺平喘，利水消肿，用于肺热咳嗽、多痰、尿少、面目肌肤浮肿

玉米须

利水消肿，清除血脂，降血糖，降血压，轻身减肥

甜橘叶

帮助消化，也是天然的糖代品，有利于糖尿病及减肥者

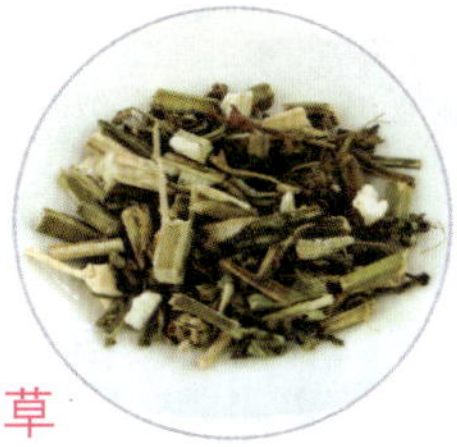

益母草

活血调经，止痛利尿，用于月经不调、恶露不尽

莲心

消暑除湿，养心安神，保护心血管系统

麦冬

润肺益胃，清心降压，生津止渴，用于干咳、高血压、高血糖等

熟地

滋阴补血，养肝明目，用于须发早白、月经不调、眩晕耳鸣

核桃仁

健脑益智，乌发润肤，润肠通便，滋养五脏，抗衰老

松子仁

润肤美发，润肠通便，预防心血管病，延缓衰老

绿豆

清热解毒，止渴利尿，解皮肤疮毒，清暑热，除烦燥

红豆

行血利尿，消肿排毒，用于改善多种原因引起的水肿

薄荷

清凉提神，促进消化，缓解疼痛

荷叶

消暑利湿，散淤解热，生津止渴，消肿减肥，降血脂

绞股蓝

清热安神，镇咳祛痰，排毒瘦身，消脂降压

人参

大补元气，健脾益肺，强心温肾，可改善疲劳、眩晕、头痛等虚症